U0169477

brumm

京权图字：01-2022-1477

Mina första insekter
Copyright © Emma Jansson and Triumf förlag, 2020
Simplified Chinese edition published in agreement with Koja Agency and Rightol Media
Simplified Chinese edition © Foreign Language Teaching and Research Publishing Co., Ltd, 2022
项目合作：锐拓传媒旗下小锐 copyright@rightol.com

图书在版编目（CIP）数据

孩子背包里的大自然.发现昆虫／（瑞典）艾玛·扬松（Emma Jansson）著、绘；徐昕译. —— 北京：外语
教学与研究出版社，2022.6
　　ISBN 978-7-5213-3548-4

　　Ⅰ．①孩… Ⅱ．①艾… ②徐… Ⅲ．①自然科学－少儿读物②昆虫－少儿读物 Ⅳ．①N49②Q96-49

　　中国版本图书馆 CIP 数据核字 (2022) 第 065887 号

出 版 人　王　芳
项目策划　许海峰
责任编辑　于国辉
责任校对　汪珂欣
装帧设计　王　春
出版发行　外语教学与研究出版社
社　　址　北京市西三环北路 19 号（100089）
网　　址　http://www.fltrp.com
印　　刷　北京捷迅佳彩印刷有限公司
开　　本　889×1194　1/12
印　　张　2.5
版　　次　2022 年 7 月第 1 版　2022 年 7 月第 1 次印刷
书　　号　ISBN 978-7-5213-3548-4
定　　价　45.00 元

购书咨询：(010) 88819926　电子邮箱: club@fltrp.com
外研书店: https://waiyants.tmall.com
凡印刷、装订质量问题，请联系我社印制部
联系电话：(010) 61207896　电子邮箱: zhijian@fltrp.com
凡侵权、盗版书籍线索，请联系我社法律事务部
举报电话：(010) 88817519　电子邮箱: banquan@fltrp.com
物料号：335480001

记载人类文明
沟通世界文化
www.fltrp.com

孩子背包里的
大自然
发现昆虫

〔瑞典〕艾玛·扬松 著/绘

徐昕 译

外语教学与研究出版社
北京

云杉八齿小蠹

云杉八齿小蠹（dù）是一种深棕色的小甲虫，体长约5毫米。它们是害虫，会把卵产在云杉的树皮下面，之后幼虫会在树皮下面啃出一条条坑道。幼虫越长越大，啃出的坑道也会越来越宽。人们通常会砍掉被云杉八齿小蠹侵害的云杉，以防更多的树木被毁。

灰长角天牛

灰长角天牛是针叶林里比较常见的一种昆虫。它们的身体呈棕色，鞘翅上有深色的斑点，体长可达20毫米。雄虫的触角比雌虫的要长得多。灰长角天牛通常将卵产在新近死亡或被伐倒的针叶树干上。成虫羽化后常在蛹室内越冬。

欧洲深山锹甲

　　欧洲深山锹甲喜欢在栎树林里生活，体长可达80毫米，看上去就像穿着深棕色的盔甲。雄虫头上长有像角一样的东西，那其实是它们的上颚，可以用来和其他雄虫打斗，以吸引雌虫。它们飞行时会发出类似直升机飞行时的声音。它们的成虫喜欢在夜间活动，爱喝栎树的树液，幼虫主要靠吃腐烂的树木为生。

犀牛甲虫

　　犀牛甲虫的体长为20～60毫米。雄虫的头上长着标志性的角，看上去很像犀牛的角。犀牛甲虫喜欢吃腐烂的植物。它们的幼虫适合在锯末堆里生长，最爱待的地方是肥料堆。它们大多生活在热带地区。

蝽科昆虫

蝽科昆虫的身体通常比较扁平，很像盾牌。这类昆虫的体长为 10~12 毫米，身体颜色大多是棕色或绿色，但腿有可能呈红色。蝽科昆虫以种子和果实为食，尤其喜爱吃覆盆子和蓝莓。当鸟儿把蝽科昆虫吃进嘴里时，这类昆虫会释放难闻的气体，迫使鸟儿把它们吐出来。

绿色的蝽

棕色的蝽

赤条蝽

赤条蝽的体长约为 10 毫米，身上带有黑色的条纹，生活在峨参等伞形科植物上。它们常在 6 月份天气晴朗时出没，阴天则喜欢爬进草丛中，找一个舒服的地方藏起来。赤条蝽属于蝽科昆虫，气味不怎么好闻。

始红蝽

始红蝽喜欢成群地生活在椴树的树皮上，也喜欢生活在花瓣上，不过它们通常对树和花没有威胁，只吃死在那里的昆虫。始红蝽可以长到 10 毫米长，翅膀呈红色，上面有黑色的斑点。与赤条蝽一样，始红蝽也是蝽科昆虫，有着浓烈的气味。

蠼螋

蠼螋（qúsōu）又叫剪刀虫、火夹子，长有尾铗。蠼螋的尾铗是由尾须特化而成的，用于求偶和防御。蠼螋有很多不同的种类，常见的蠼螋体长为 10～15 毫米。白天，蠼螋喜欢躲在狭小的缝隙里。到了晚上，它们会跑出来寻找食物。它们喜欢吃蚜虫，在短短的一生中可以吃掉好几千只蚜虫。

红菜头的种子

萤火虫

萤火虫分为陆栖和水栖两大类，能够通过一系列的化学反应发出荧光。陆栖的萤火虫喜欢在草地上生活，它们的幼虫爱吃蜗牛、蛞蝓（kuòyú），大多数种类的成虫只喝水或吃花粉、花蜜。常见的雌性萤火虫不会飞，在温暖的夏夜，它们会发出荧光吸引飞舞的雄性萤火虫。萤火虫喜欢植被茂盛、水质干净、空气清新的自然环境，是生态质量的指示物种之一。

瓢虫

瓢虫的种类非常多，有二星瓢虫、四星瓢虫、六星瓢虫、七星瓢虫等。它们的体长为5~8毫米，身体小小的、圆圆的，有短短的腿。有的瓢虫鞘翅呈红色，有的则呈黄色，比较常用的辨识方法是数它们鞘翅上的斑点数量。七星瓢虫的鞘翅为红色，上面有七个黑色斑点。七星瓢虫喜欢吃蚜虫，有时也吃植物的花粉。

蜣螂

蜣螂（qiānglóng）俗称屎壳郎，是一种黑色的甲虫。有一种蜣螂叫作森林蜣螂，有着漂亮的黑色、蓝色和紫色光泽。它们的体长为 15～20 毫米，你会时不时地在森林小道上遇见它们。森林蜣螂以腐烂的蘑菇和各种植食性动物的粪便为食。它们会把卵产到动物的粪便里面，然后幼虫会在那里孵化出来，并以粪便为食。多亏有了蜣螂，粪便才能更快地得到分解。

花金龟

花金龟是一种闪烁着金属光泽的漂亮甲虫，它们的幼虫喜欢吃腐烂的树叶和树桩。有一种花金龟叫金花金龟，体长约 20 毫米。它们通常生活在森林的边缘处或花园里，喜欢飞到蔷薇的花朵上，享用花粉和花蜜。

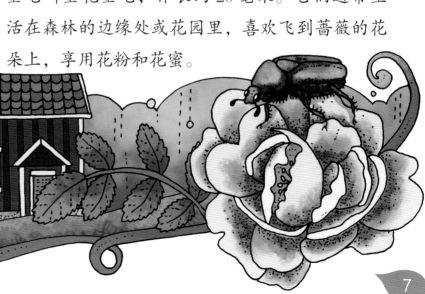

 龙虱

龙虱（shī）的种类很多，全球共有4000多种，是比较贪吃的肉食性昆虫，喜爱吃其他昆虫、小鱼、蝾螈（róngyuán）和蝌蚪。它们的体长为13~45毫米，可以活很多年。龙虱生活在湖泊和池塘里，擅长游泳。龙虱也会飞，但时常会飞错地方，比如落到某辆闪闪发亮的汽车上，或是墙角的雨水收集桶里。

 水黾

水黾（mǐn）又叫水蜘蛛、水蚊子。在河流或湖泊的水面上，经常能看到成群结队的水黾。普通的水黾体长8~20毫米，前腿比较短，中腿和后腿很细长。它们在地面上过冬，春天飞到水面上栖息。水黾用中腿划水，用后腿掌控方向，用前腿来捕捉不小心落入水里的昆虫。

蚊子和蚋

蚊子喜欢在潮湿的地方生活。夏天，你可以听到它们在空中嗡嗡地飞舞。雌蚊能将长长的刺吸式口器刺入人和动物的体内吸血；雄蚊通常不吸血，而是吸食花蜜。蚊子的幼虫生活在平静的水体中。蚋（ruì）的外形像蝇，但比蝇小，身体呈深褐色或黑色，俗称黑蝇。跟蚊子一样，雄蚋不吸血，雌蚋吸血。蚋的幼虫喜爱在流动的水体中生活。尽管蚊子和蚋很招人烦，但是它们也有着重要的功能——在夏天，它们是很多鸟类的食物。

蚊子

蚋

苍蝇

苍蝇的种类非常多。家蝇体长大约8毫米，身体是黑色的，腹部是棕色的。家蝇喜欢臭的东西，比如厨余垃圾和牛粪。丽蝇非常漂亮，有着蓝色或绿色的金属光泽。其中一种有着蓝色光泽的丽蝇能长到12~15毫米。丽蝇喜欢趴在墙上晒太阳。食蚜蝇体长10~15毫米，通常长有黄黑色相间的条纹。食蚜蝇喜欢吃花蜜，但幼虫爱吃蚜虫。

家蝇

丽蝇

食蚜蝇

胡蜂

胡蜂的身体呈黄色，带有黑色条纹。雌性胡蜂带有毒刺，可以反复蜇人。有些种类的胡蜂是独居的，有些会群居在一个蜂巢里。只有受精的蜂王能活过冬天，然后开始建造蜂巢，此后，它的孩子们会持续建造蜂巢。胡蜂会把蜂巢建在谷仓的阁楼里或者獾的洞穴里，蜂巢大如足球。常见的胡蜂体长为 11～16 毫米，黄边胡蜂的体长可达 32 毫米。

普通胡蜂

黄边胡蜂

 # 蝗虫和螽斯

蝗虫俗称蚂蚱，是植食性昆虫，吃叶子、花和种子。蝗虫体长为 9～30 毫米，体色为绿色或褐色，触角比较短。螽（zhōng）斯俗称蝈蝈，触角一般较长，大多是肉食性昆虫，它们吃别的昆虫，比如蝗虫。夏末时节，干草丛中经常会传来音乐声。白天，这声音通常来自蝗虫，它们在用腿摩擦翅膀；到了晚上，通常是螽斯用左右翅摩擦发声（不用腿），演奏"小调"。

蝗虫

螽斯

蚂蚁

蚂蚁的种类繁多，已知有一万多种。有一种叫木蚁的大蚂蚁，蚁后的体长可达 18 毫米。常见的蚂蚁种类有红褐林蚁，它们的头和身体后段是黑色的，身体中段是红褐色的。它们会用上颚来咬人，并向伤口喷射蚁酸，这会引起灼痛。如果你把一朵蓝色的花放在蚁丘上，被激怒的蚂蚁们会往花上喷射蚁酸。蚁酸会把蓝色的花变成粉红色的。

红褐林蚁会把蚁丘建在石块或大树的南侧向阳处。蚁丘是用树枝和针叶建成的，地下部分跟地上隆起的部分差不多大，里面有很多通道和房间。蚁丘中通常生活着几十万只蚂蚁。蚁后每天会产好几百个卵。工蚁负责照顾蚁后，照看卵和幼蚁。

蜻蜓

　　我们常说的蜻蜓，是指蜻蜓目下差翅亚目的昆虫，而蜻蜓目下还有束翅亚目，此亚目的昆虫统称螅（cōng），俗称豆娘。蜻蜓和豆娘长相类似，但可以从它们翅膀的状态来区分。蜻蜓停下来时，会将翅膀平展在身体两侧，而豆娘休息时，通常会收拢翅膀。

　　蜻蜓是肉食性昆虫，吃蚊子、苍蝇等，寿命为几周到几个月。它们喜欢潮湿的环境，所以通常在池塘或河边飞行。蜻蜓的稚虫叫水虿（chài），水虿以蚊子的幼虫和蝌蚪为食。蜻蜓有很多不同的颜色，非常漂亮。

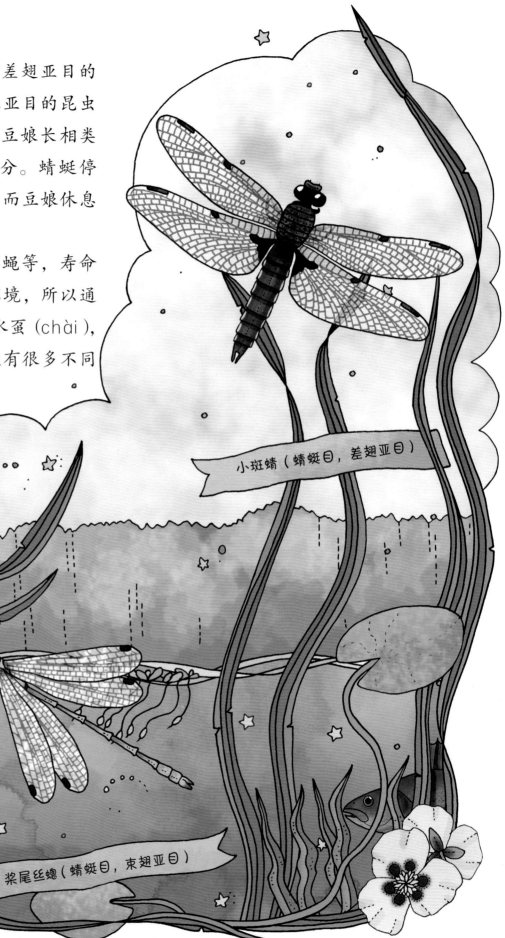

小斑蜻（蜻蜓目，差翅亚目）

桨尾丝螅（蜻蜓目，束翅亚目）

熊蜂

　　熊蜂全身通常长着又长又整齐的毛，身体比较粗壮，有时候会让人怀疑它们能不能飞起来。其实不用担心，熊蜂小小的翅膀每秒钟可以振动一百多次。

　　熊蜂有很多种类。明亮熊蜂的头是黑色的，身体黄黑相间，尾部为白色。明亮熊蜂住在地洞里，经常会在老鼠搬走之后接管它们的窝。短毛熊蜂通常是全黑的，但有的身体后部是灰色的，喜欢在开阔的环境中生活，爱吸食三叶草和薰衣草的花蜜。藓状熊蜂身体的中部和尾部是橘棕色的。早熊蜂喜欢覆盆子的花蜜。石熊蜂喜欢生活在石头后面，身体尾部是红色的，又叫红尾熊蜂，蒲公英的花蜜是它们最喜爱的食物之一。

姬鼠的家

明亮熊蜂　　短毛熊蜂　　藓状熊蜂　　早熊蜂　　石熊蜂

🌼 蜜蜂

蜜蜂通常会从植物花朵上采集花蜜和花粉，喜欢群居生活，但有些种类的蜜蜂喜欢独自生活，比如壁蜂、裂爪蜂这样的独居蜂。

蜜蜂采蜜的时候，花粉会粘在它们毛茸茸的腿上。它们会把这些花粉收集起来，储存在后腿上的花粉篮里，带回巢中。蜜蜂采蜜、采花粉的过程中，花粉便会从一朵花传播到另一朵花上，植物经过授粉后，就能正常繁殖。我们吃的食物，有大约三分之一需要授粉者的帮助。

壁蜂

裂爪蜂

🌸 蜂蜜

有些种类的蜜蜂喜欢群居在蜂巢中。蜂王与雄蜂、工蜂住在一起。人们用人工蜂巢来采集蜂蜜和蜂蜡。蜂蜡可以用来制造软膏和蜡烛，蜂蜜可以用来配三明治吃，或者用温水调成蜂蜜水喝。烤松糕的时候，你还可以用蜂蜜来代替糖霜。

　　蜜蜂把采来的花蜜放在用蜂蜡修筑的蜂巢里。蜂蜡是它们从腹部的腺体中分泌出来的。蜜蜂采集的花蜜中含有糖和大量水分，因此，花蜜必须晾干后才能成为蜂蜜。等花蜜晾干后，蜜蜂会给巢房盖上蜡盖，然后蜂蜜就可以在蜂巢中保存很久了。

　　如果你是一只工蜂，在职业生涯的一开始，你将充当保育蜂的角色。这时你的任务可能是给幼虫喂食、为蜂王洗澡。然后你会变成一只筑巢蜂，一个任务是负责产蜡，另一个任务是跟其他工蜂站成一排挥动翅膀，让空气在蜂巢中循环，使花蜜风干成蜂蜜。与此同时，你的翅膀也得到了锻炼，马上就可以飞了。等翅膀强健后，你的任务变成了守卫蜂巢。最后，你将变成采蜜蜂，这时你终于可以去采蜜了。蜜蜂会飞之后通常可以存活几周，在短短的一生中可以从大约 4 万朵花中采集 1 克花蜜。

蜂蜜

蝴蝶

蝴蝶有两对翅膀，翅膀上覆盖着细小的鳞片。大部分蝴蝶长着长长的、吸管似的口器，可以伸到花朵上吸食花蜜。蝴蝶长有两根触角。

蝴蝶的生命从卵开始，然后孵化成幼虫。幼虫的外形看上去多种多样，这是由蝴蝶的种类决定的。钩粉蝶的幼虫是绿色的，带着白色条纹。荨麻蛱蝶的幼虫是黑色的，毛茸茸的。金凤蝶的幼虫很强壮，是绿色的，带有黑色条纹和红黄色斑点。老熟的蝴蝶幼虫会变成蛹。幼虫会在蛹里面待到自己完全成为蝴蝶为止，这种蜕变通常要花几周时间。荨麻蛱蝶和孔雀蛱蝶的幼虫都喜爱吃荨麻。

孔雀蛱蝶

钩粉蝶

荨麻蛱蝶

黄缘蛱蝶

眼灰蝶

红襟粉蝶

百钩蛱蝶

金凤蝶

红蛱蝶

大菜粉蝶

有些蝴蝶会冬眠，比如孔雀蛱蝶、钩粉蝶和荨麻蛱蝶。有时候到了二三月份，就能够看到它们早早地苏醒过来，开始寻找花蜜。

五月末到六月初是最容易遇到金凤蝶的时候，它们体长可达80毫米。黄缘蛱蝶是一种非常漂亮的蝴蝶，喜爱吃腐烂的水果。春天，它们常聚集在多汁的树木上。大菜粉蝶的幼虫胃口很大，喜欢吃花园里卷心菜的叶子。等你发现的时候，说不定那些菜叶已经被它们吃光了！

授粉者

授粉者将花粉从一朵花传播到另一朵花上，使得植物可以繁殖，长出果实和种子。熊蜂、蜜蜂、蝴蝶和其他很多昆虫都是授粉者。需要借助昆虫来繁殖的植物花朵通常有鲜艳的颜色、漂亮的外形和好闻的气味，这样可以把昆虫吸引过来。你可以帮助授粉者建造一座"昆虫旅馆"，或者种一些它们格外喜欢的花。从早春到晚秋，在授粉者寻找食物的这段时间里，最好让花园里始终都有盛开的鲜花。

向日葵

黄花柳

柳兰

菊花

覆盆子

獐耳细辛

牛至

捕虫堇

番红花

矢车菊

三叶草

昆虫旅馆

找一个木盒子，往里面装上松果、打有孔的竹子、木片和一些钻了洞的树枝，把它建造成一个"昆虫旅馆"。你还可以用苔藓和草来填充这个木盒子的剩余部分。别忘了用一张网把这些东西盖住，不然鸟类会被引来，把这些东西当成它们的筑巢材料。昆虫——尤其是独居蜂这类膜翅目昆虫——喜欢钻进小洞里去筑巢。你可以把建好的"昆虫旅馆"放到户外，挂到能被阳光照到的墙上。

水吧

你可以找一个盘子，把它做成"水吧"，给蜜蜂和熊蜂喂水。你可以往盘子里放一些石子和玻璃球，然后加一点水，但要让石子和玻璃球露出水面，那样蜜蜂就可以停在上面喝水，不会有被淹死的危险。

小贴士

什么是昆虫？

昆虫是一种有六条腿的小动物。它们的身体分为头、胸、腹三个部分，大多数昆虫还有一对或两对翅膀。昆虫家族有很多种类，比如鞘翅目、半翅目、蜻蜓目、直翅目、双翅目和膜翅目等。蜘蛛不属于昆虫，因为蜘蛛有八条腿，身体分为两个部分。

肉食性昆虫

肉食性昆虫是以捕猎动物为生的昆虫，比如胡蜂。胡蜂以其他昆虫为食，就像狼会以别的动物为食一样。

蜂群

蜂群是指很多蜜蜂在一起生活构成的群体。蜂群中有一位蜂王，还有雄蜂和工蜂。

蚁酸

蚂蚁分泌的一种酸性液体。

花粉和花蜜

花粉是种子植物身上的细小颗粒。花蜜是花朵上一种像果汁一样的糖溶液。我们可以说花粉是蜜蜂这类昆虫所需的蛋白质，就像我们人类吃的肉和豆类食物一样；花蜜是碳水化合物，就像我们吃的糖、土豆和面条一样。

伞形科植物

伞形科植物通常开有成簇的小花，比如峨参、莳萝、欧芹、欧白芷、独活等。

腐烂的树木

当一棵树死去，或是一片叶子落到了地上，它便会在昆虫、菌类和细菌的帮助下慢慢腐烂，然后变成土壤的养分。植物身上的某些部分开始腐烂时，就好像正被地球吃掉一样。跟人类一样，地球也需要食物。

索引

云杉八齿小蠹	2	蚊子和蚋	9
灰长角天牛	2	苍蝇	9
欧洲深山锹甲	3	胡蜂	10
犀牛甲虫	3	蝗虫和螽斯	10
蟪科昆虫	4	蚂蚁	11
赤条蝽	4	蜻蜓	12
始红蝽	5	熊蜂	13
螳螂	5	蜜蜂	14
萤火虫	6	蜂蜜	14
瓢虫	6	蝴蝶	16
蟋蟀	7	授粉者	18
花金龟	7	昆虫旅馆	19
龙虱	8	水吧	19
水龟	8	小贴士	20

我藏在了书中，你能发现我吗？